놀면서 좋아지는 IQ와 AQ

컬러 로직아트

중급

시간과공간사

컬러 네모로직 기본 규칙

- 가로 세로에 있는 숫자의 크기는 색칠해야 하는 칸의 수를 의미합니다.
- 숫자의 색깔과 동일한 색을 칠해야 합니다.
- 같은 색의 숫자는 중간에 한 칸 이상 띄어야 합니다.
- 서로 색이 다른 숫자의 경우 칸을 띄지 않아도 됩니다.
  (열과 행의 숫자 조합에 따라 칸을 띄어야 할 수도 있습니다.)

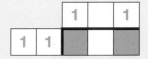

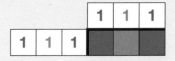

1. d행에 있는 3은 해당 가로줄에 하늘색으로 세 칸이 연속해서 칠해져야 한다는 뜻입니다.
2. b열의 1, 1은 서로 같은 색이기 때문에 중간에 한 칸 이상 띄어져 있습니다.
3. 하지만 f행의 1, 1, 1은 서로 다른 색이기 때문에 칸을 띄우지 않아도 됩니다.
4. e행의 1, 1은 열에 있는 숫자와의 조합에 따라 한 칸 이상 띄어져 있습니다.

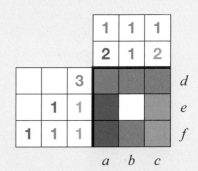

컬러 네모로직 푸는 방법 꿀팁!

#1 한 가지 경우의 수만 존재하는 경우

1. 주어진 칸의 수와 색칠되어야 하는 칸의 수가 같을 때

주어진 칸과 색칠해야 하는 칸의 수가 같을 때는
모든 칸을 색칠하는 한 가지 경우의 수만 존재합니다. (5=5)

숫자의 색깔이 서로 다를 경우에는 칸을 띄우지 않아도 되기 때문에
한 가지 경우의 수만 존재합니다. (3+2=5)

2. 색칠되어야 하는 칸의 수와 빈칸의 합이 전체 칸의 수와 같을 때

서로 같은 색의 숫자는 중간에 한 칸 이상의 빈칸이 있어야 합니다.
왼쪽부터 세 칸을 연속으로 칠하고 한 칸을 띄운 후
한 칸을 더 칠하면 완성됩니다. (3+1+1=5)

서로 같은 색의 숫자 사이에는 빈칸이 있고
다른 색의 숫자 사이에는 빈칸이 없습니다. (1+1+2+1=5)

#2 교집합

주어진 다섯 개의 빈칸에 연속해서 세 칸을 색칠할 수 있는 경우의
수는 아래의 A, B, C 세 가지가 있습니다.

이 셋 중에 무엇이 답이 되더라도 각 경우의 수의 교집합에 해당되는
가운데 한 칸이 색칠된다는 것은 확실합니다.
교집합 부분을 색칠하고 다른 숫자들을 풀어보세요.
방금 색칠된 부분이 다른 칸의 숫자에 힌트를 줄 수도 있습니다.
단, 아직 해당 칸의 문제가 풀린 것은 아니기 때문에 3에 / 표시를
하거나 빈칸에 X 표시를 하지 않습니다.

교집합 부분을 쉽게 찾는 방법!
양 끝에서 주어진 숫자만큼 선을 그어보세요.
겹쳐지는 칸이 바로 교집합 부분입니다!

숫자의 색이 서로 다른 때는 오른쪽 A, B, C와 같은 경우의 수가 있
습니다.

이 경우 역시 교집합 부분을 먼저 색칠하고 다른 숫자들을 풀어보세요.

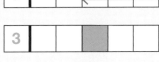

4

#3 공집합

연속으로 세 개의 칸을 칠해야 하는데 이미 두 칸이 칠해져 있습니다. 만약 맨 오른쪽 칸을 칠하게 되면 세 칸이 연속으로 칠해지지 않습니다. 그러므로 해당 칸은 칠해질 수 없고 답은 A, B 둘 중 하나가됩니다.

A와 B 둘 중 무엇이 정답인지 아직 알 수 없습니다.
하지만 오른쪽 맨 끝에 있는 칸이 색칠되지 않는 것은 확실합니다.
이럴 땐 오른쪽 칸에 X 표지를 해두고 문제를 풀어보세요.
이 부분이 다른 칸의 숫자에 힌트를 줄 수도 있습니다.

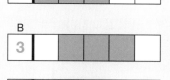

이 경우는 가운데 한 칸이 이미 색칠되어 있습니다.

답은 A, B 둘 중 하나이고 가장 오른쪽 두 칸이
색칠되지 않는 것이 확실합니다.
해당 칸에 X 표시를 해두고 문제를 풀어보세요.

컬러 네모로직 푸는 방법!
한 번만 따라 하면 끝~!

퍼즐의 크기는 10x10이고

난이도는 ★☆☆이며

네 가지 색이 필요합니다.

				a	b	c	d	e	f	g	h	i	j	
						1		1						
★☆☆						2		1		3				
				1	2	3		4	8	2			5	
				2	2	1	10	2	1	1	4	5	1	
			3											k
		2	2											l
3	1	1	2											m
		2	4											n
		3	1											o
		3	2											p
			8											q
		2	5											r
	2	3	3											s
	3	6	1											t

1 항상 가장 큰 숫자부터 색칠을 하세요.

d열의 경우 비워져 있는 칸의 수와
칠해야 하는 숫자의 크기가 같기 때문에
한번에 모든 칸이 칠해집니다.

f열의 경우는 여덟 칸과 한 칸을 칠하고 사이에 한 칸 이상을 띄어야 하는데
빈칸의 수는 열 개이기 때문에 오른쪽과 같은 한 가지 경우의 수만 존재합니다.

d열과 f열에 해당 숫자의 색깔로 숫자의 크기만큼 색칠합니다.
추후의 혼동을 피하기 위해 숫자 10, 8, 1에 / 표시를 하고
f열에 있는 빈칸은 이제 색칠될 수 없다는 의미로 X 표시를 합니다.

	a	b	c	d	e	f	g	h	i	j	
			1		1						
			2		1		3				
	1	2	3		4	8	2			5	
	2	2	1	10	2	1	1	4	5	1	
3											k
2 2											l
3 1 1 2											m
2 4											n
3 1											o
3 2											p
8											q
2 5											r
2 3 3									X		s
3 6 1											t

2 *t*행에 있는 숫자의 합은 해당 행의 전체 빈칸 수와 같습니다.

그러므로 빈칸이 있을 수 없습니다.

각 숫자의 크기와 색깔에 따라 해당 열을 색칠합니다.

*t*행의 3, 6, 1에 / 표시를 합니다.

또 다른 큰 숫자들을 찾아보겠습니다.

*q*행은 왼쪽 또는 오른쪽에서 칠하게 됐을 때 겹쳐지는 부분이 있습니다.

아직 어떤 것이 답인지 알 수 없으나

이 겹쳐지는 부분이 칠해진다는 것은 확실합니다.

일단 이 교집합 부분을 먼저 칠하고 나머지 문제를 풉니다.

아직 문제가 풀리지 않았으니 해당 숫자에 / 표시를 하거나 빈칸에 X 표시를 하지 않습니다.

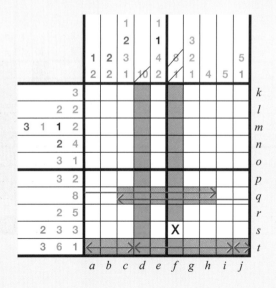
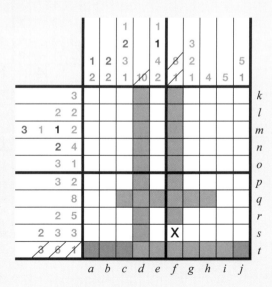

3 *a*열과 *b*열을 살펴보겠습니다.

이 두 열 모두 파란색으로 두 칸을 칠해야 하는데 각각 이미 한 칸씩 칠해져 있습니다.

파란색이 연속으로 칠해질 수 있는 방향은 위쪽뿐이므로 위에 한 칸씩 파란색을 칠하여 완성합니다.

*a*열과 *b*열의 2에 / 표시를 합니다.

같은 이유로 *e*열의 2, *h*열의 4, *i*열의 5 또한 색칠됩니다. *g*열의 1은 이미 색칠이 되어있기 때문에 더 이상 색칠을 하지 않습니다. 각각의 숫자에 / 표시를 합니다.

*e*열과 *g*열의 경우 방금 칠해진 부분 위에 같은 색으로 색칠되어야 합니다. 서로 같은 색은 중간에 한 칸이상 떨어져 있어야 하기 때문에 칠해진 부분 바로 위에 한 칸씩 X 표시를 합니다.

*h*열과 *i*열의 경우 이제 더 이상 칠해야 하는 부분이 없습니다.

그러므로 각 열의 나머지 윗부분 전체에 X 표시를 합니다.

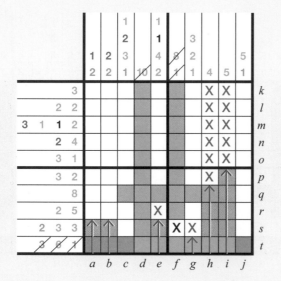

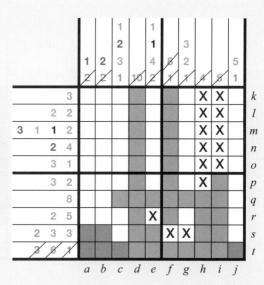

9

k행은 이미 색칠된 두 칸 사이를 채워 넣어 완성합니다.
그 외의 칸들을 칠하면 세 칸이 연속해서 칠해지지 않습니다.
k열의 3에 / 표시를 하고 나머지 빈칸에 X 표시를 합니다.

p행의 가운데 부분 역시 같은 이유로 이미 색칠된 두 칸 사이를 채워 넣어 3을 완성합니다.
p행의 2는 이미 칠해져 있는 한 칸의 오른쪽 칸을 채워 넣어 완성합니다. 나머지 빈칸에는 X 표시를 합니다.

r행은 두 칸과 다섯 칸이 색칠되어야 하는데 X 표시 좌우에 색칠된 칸들을 기준으로 왼쪽에는 두 칸, 오른쪽에는 다섯 칸을 연속으로 색칠하여 완성합니다. 2와 5에 / 표시를 하고 남은 빈칸에 X 표시를 합니다.

s행은 이제 남아 있는 칸들을 채워 넣음으로 비교적 간단히 완성됩니다. 해당 행의 숫자에 / 표시를 합니다.

이로 인해 함께 완성이 된 c열의 1, 3과 g열의 2, j열의 1에도 / 표시를 합니다.

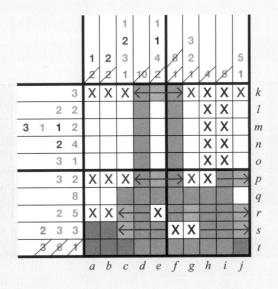
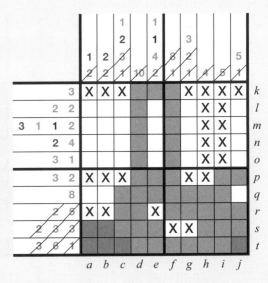

방금 색칠된 k행으로 인해 e열의 1 역시 완성되었습니다. 1에 / 표시를 합니다.

e열의 4는 초록색으로 네 칸이 연속해서 칠해져야 하는데 이미 색칠된 두 칸 아래쪽에 X 표시가 있습니다. 그 위에 두 칸을 더 칠하여 4를 완성하고 4에 / 표시를 합니다.

g열은 네 개의 빈칸이 있고 그중 세 칸을 채워 넣어야 합니다.
아직 무엇이 정답인지 알 수 없으나 위쪽 또는 아래쪽부터 세 칸이 연속해서 칠해졌을 때 겹쳐지는 부분이 있습니다.
이 두 칸의 교집합을 먼저 칠해둡니다.

j열은 이미 칠해져 있는 세 칸을 포함해서 다섯 칸을 칠하는 방법은 한 가지밖에 없습니다. j열에 회색 부분으로 표시된 부분을 초록색으로 칠하고 해당 열의 5에 / 표시를 합니다. 남은 빈칸은 X 표시를 합니다.

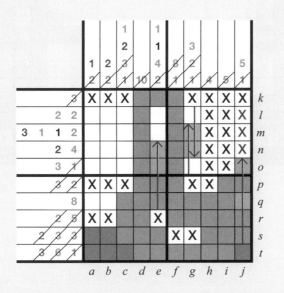 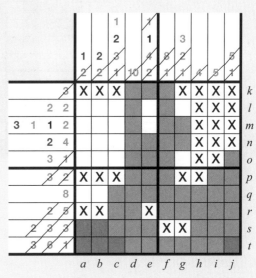

6 *l*행은 이미 색칠된 두 칸 사이에 빈칸을 색칠하게 되면
세 칸이 연속으로 색칠되기 때문에 해당 칸은 색칠될 수 없습니다.
이미 색칠된 칸들의 좌우 방향으로 한 칸씩 더 색칠하여 완성합니다.
각 2에 / 표시를 하고 빈칸에는 X 표시를 합니다.

*m*행은 앞에 **2**번 *l*행과 동일한 방법으로 남은 칸들을 완성시킬 수 있습니다.

다른 열의 완성으로 인해 *o*행과 *q*행 또한 완성됐습니다.
각 행의 숫자에 / 표시를 하고 빈칸에는 X 표시를 합니다.

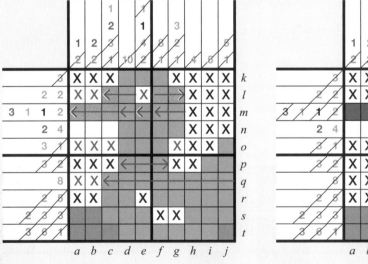

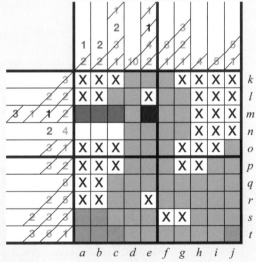

7 *a*열은 이제 완성이 되었으므로 1에 / 표시를 하고 남은 빈칸에 X 표시를 합니다.

b, *c*열의 2는 이미 색칠된 곳 아래에 한 칸씩 더 색칠하여 완성합니다.

이로 인해 *n*행 역시 완성됐습니다.

각 열과 행의 숫자에 / 표시를 합니다.

이제 모든 숫자와 빈칸에 /와 X 표시가 되었습니다.

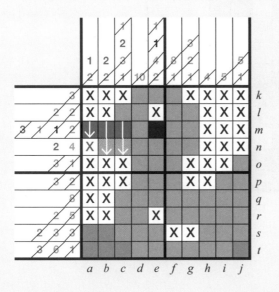
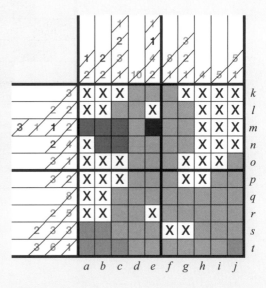

그림이 완성됐습니다.

물 위에 청둥오리가 떠 있네요!

				1		1			3				5	
				2		1								
			1	2	3		4	8	2					
			2	2	1	10	2	1	1	4	5	1		
			3											*k*
		2	2											*l*
3	1	1	2											*m*
		2	4											*n*
		3	1											*o*
		3	2											*p*
			8											*q*
		2	5											*r*
	2	3	3											*s*
3	6	1												*t*

a *b* *c* *d* *e* *f* *g* *h* *i* *j*

NEMO LOGIC

중급

#1
함선

★★★☆☆

Nonogram puzzle grid.

Column clues (top):
2 / 4 — 4 1 1 / 2 1 1 / 3 / 1 / 10 — and the grouped top clues including 1 4, 1 1, 4, 4 1 1 1, 2 1 1 1 4 2, 11 1 ... (multi-row column headers)

Row clues (left):
- 2
- 4
- 4 1 1
- 2 1 1
- 3
- 1
- 10
- 4 1 3
- 4 1 3
- 4 1 3
- 4 1 2 1 2 2
- 4 1 1 1 2 3
- 1 1 3 3
- 2 1 3 3
- 1 3 4 1 3
- 2 1 4 1 1 4
- 3 1 1 1 2 4
- 4 7 3 5
- 2 4 6 1
- 11 2 3

#2
꿀통
★★★☆☆

#3

캠핑장

★★★☆☆

#4

재봉틀

★★★☆☆

#5
원숭이
★★★☆☆

#6
돼지 저금통
★★★☆☆

#7

백조

★★★☆☆

22

#8
꽃과 나비

★★★☆☆

#9

로켓 발사

★★★☆☆

고양이

★★★★☆

#11

말

★★★☆☆

#12
아빠와 아이
★★★☆☆

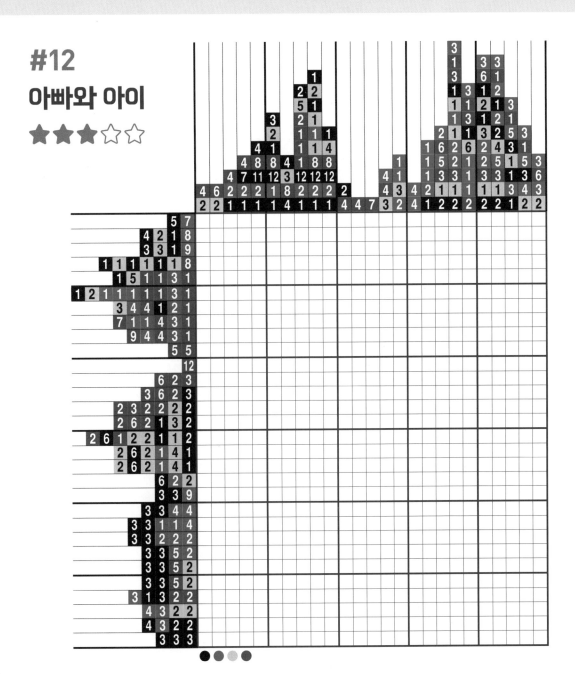

#13

파랑새

★★★☆☆

#14

달팽이와 거북이

★★★☆☆

Column clues (left to right, top to bottom):

Column	Clues
1	2 1
2	5 2 1 1 1
3	2 2 2 1 1 1
4	2 2 1 4 1 2 1
5	2 3 1 2 3 3 1 1 1
6	2 2 2 2 4 5 2
7	3 3 2 6 3 1 1 1 1
8	4 3 1 3 1 2 2 1
9	6 2 3 2 2 3 2 1
10	6 1 3 1 4 2 2 1
11	3 3 3 5 1 1 1 1
12	1 4 3 1 4 2 2
13	1 4 2 3 2 4 1
14	1 1 2 1 3 3 2
15	5 6 2 1 3
16	3 1 1 4 5 2 1
17	2 2 2 5 2 1 1
18	1 2 3 2 2 1
19	2 3 1 1 3
20	1 2 4
21	1 2 1 1 5
22	11
23	1 1 9
24	10
25	7

Row clues (top to bottom):

Row	Clues
1	5 1
2	7 2
3	2 4 1
4	1 2 4 2
5	1 4 5 1 3
6	1 2 1 3 4 3
7	2 2 2 3 1 3
8	4 2 1 5 1
9	8
10	3 5
11	2 9
12	1 2 4 2 4
13	3 5 2 1 2
14	6 7 1 4
15	5 4 2 5
16	2 1 3 1 1 1 4
17	1 1 5 5 4
18	5 5 4 1 4
19	7 3 5 5
20	2 3 1 1 2 2 2 5
21	1 1 2 1 3 3 1 2 6
22	1 3 1 9 2 6
23	2 2 2 3 1 1 1 1 5
24	3 5 1 5
25	9

배달원

★★★☆☆

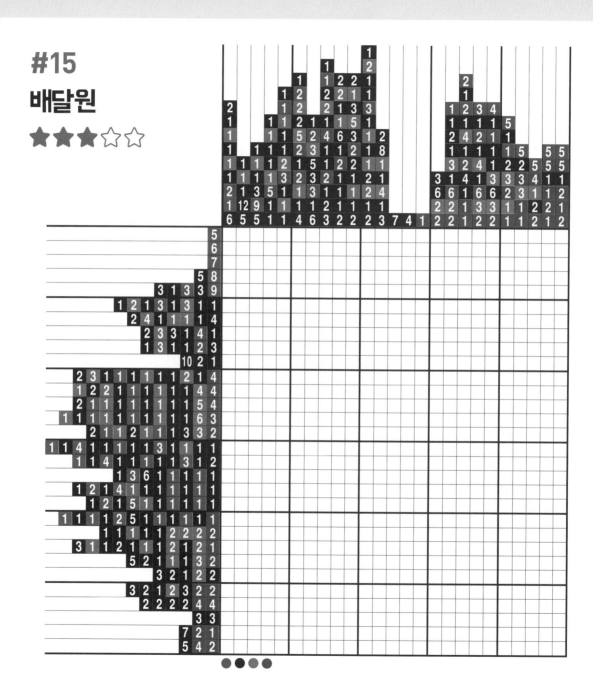

#16
농부와 허수아비
★★★☆☆

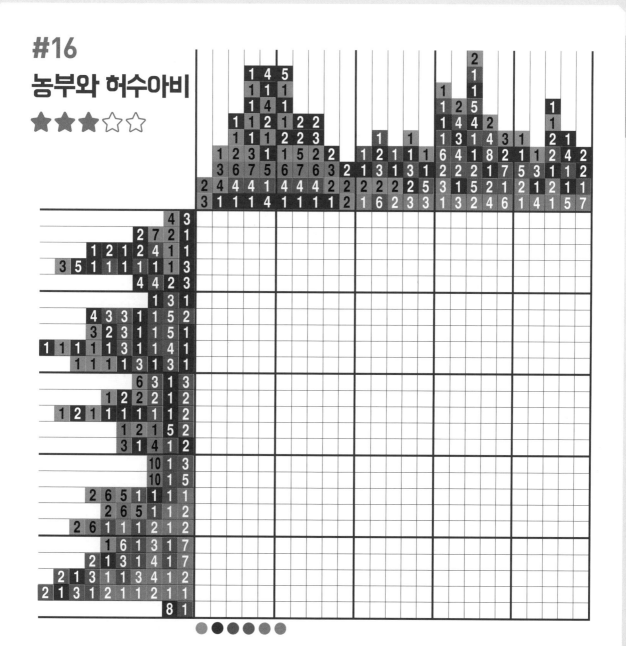

#17

해적

★★★☆☆

#18
북극곰

★★★☆☆

#19
코끼리

★★★☆☆

#20
하마
★★★☆☆

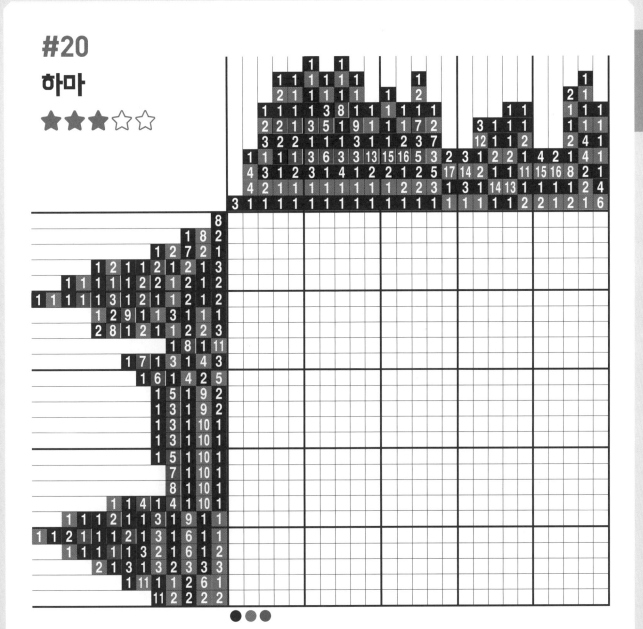

#21
기린

★★★★☆

#22
도마뱀

★★★☆☆

Nonogram puzzle grid (30 columns × 25 rows).

Column clues (top, read top → bottom per column):

Col	Clues
1	1 8 2 1
2	3 4 4 1
3	2 1 3 3 2 1
4	1 7 2 1 3
5	2 1 1 2 1 6 2
6	1 2 2 1 6 3
7	2 1 2 1 6 3
8	1 2 2 3 3
9	2 2 2 1 3 3
10	2 2 4 3 3
11	3 2 1 1 2 3
12	1 4 2 1 3 5
13	2 1 2 2 4 3 5
14	1 4 5 4
15	1 1 2 5 4
16	1 1 1 4 1 3 4
17	1 1 3 4 5 1 2
18	3 4 1 3 3
19	3 4 3 2 4
20	1 2 4 3 4 2
21	1 1 4 3 1 3
22	1 1 1 3 2 4 1 3
23	1 1 3 2 4 2 3
24	2 3 4 2 2 3
25	2 4 5 3 2
26	4 5 1 2
27	1 1 1 2 4 2 3
28	1 1 1 2 5 2 2
29	3 2 4 1 2
30	2 2 4 2

Row clues (left, read left → right per row):

Row	Clues
1	6
2	6 2 4 1
3	1 6 4 2 1 2 1
4	1 3 2 1 5 2
5	1 2 4 2
6	1 1 9 3 2
7	2 1 9 3 4
8	1 2 8 2 6
9	2 2 7 4 6
10	1 2 2 4 3 1 2 5
11	1 1 9 3 5
12	1 1 2 1 2 8 2
13	1 1 2 3 2 6
14	1 2 2 3 5
15	1 1 3 3 6
16	1 2 5 1 8 2
17	1 1 8 5 2
18	1 1 6 3 2 1
19	1 1 4 4 1 2
20	2 1 2 2 3 3
21	2 1 1 1 3 1 2
22	1 1 2 2 3 2 2
23	1 2 2 4 2 3 2
24	1 1 2 5 1 4 2
25	6 5 1

#23
손풍금 연주자
★★★☆☆

#24
런던 근위병
★★★☆☆

#25

펭귄

★★★★☆

#26
전투기 조종사
★★★★☆

#27
엄마와 소풍
★★★★☆

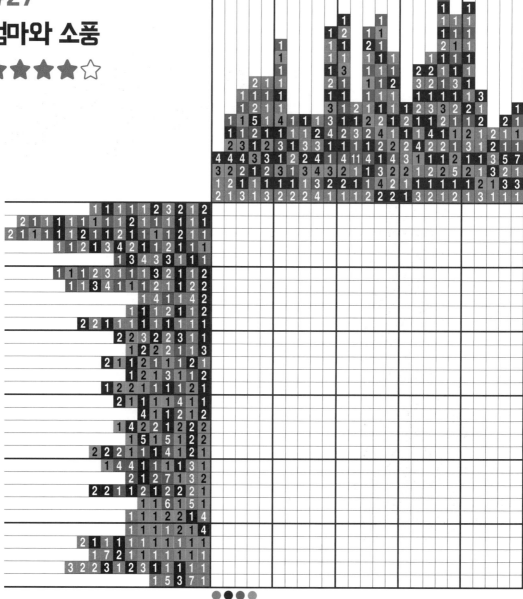

#28
참새
★★★★☆

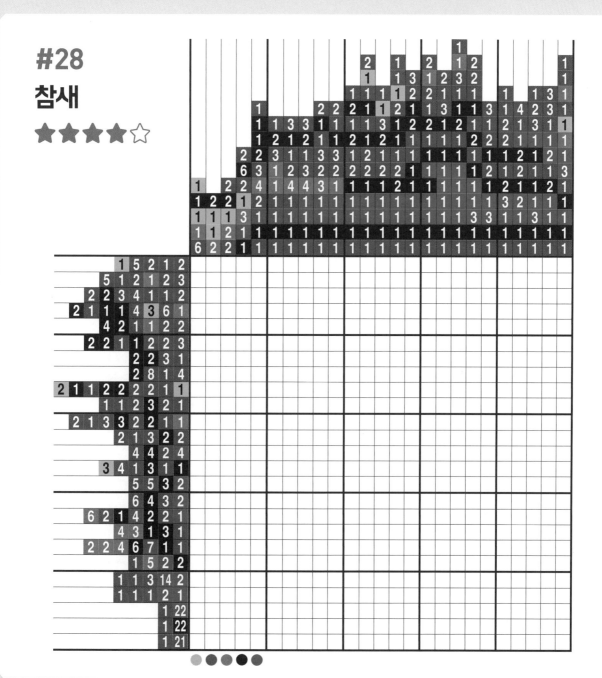

#29

꿀벌

★★★★☆

#30
요정
★★★★☆

오리 가족

★★★☆☆

#32

별장

★★★☆☆

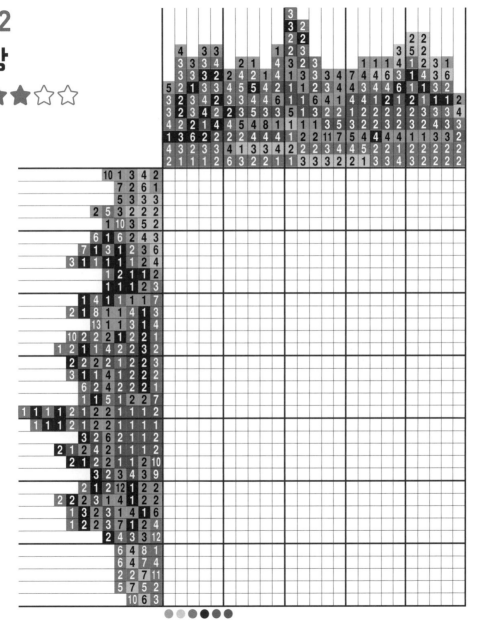

#33

그네 타는 소녀

★★★☆☆

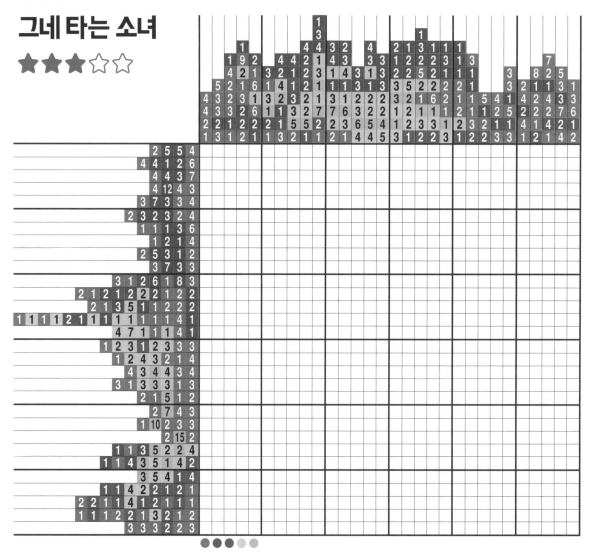

48

#34
전원의 아침

★★★☆☆

Row clues (top to bottom):
- 4 1
- 7 2 2
- 6 2 1 1 2
- 7 2 3 3
- 6 2 4
- 5 4 2
- 1 2 2 1 3
- 2 4 2 6 4
- 3 1 2 1 4 3 1 1
- 5 2 1 1 4 1 1 1 1
- 4 2 1 5 1 5 1
- 3 2 1 1 1 1 8 1
- 2 2 1 1 1 10 1
- 1 3 14
- 5 14
- 7 13
- 12 12
- 2 2 4 18
- 1 2 1
- 3 3 2 3
- 1 2 1 1 2 3 5
- 2 1 2 1 3
- 4 1 3 2 1 1 1
- 2 1 10 1 2 5 4
- 2 2 1 7
- 2 2 1 1 2 3 1
- 2 2 2 1 3 1
- 3 2 2 2 1 3 1
- 2 2 2 1 1 1 2
- 2 2 2 2 1 1 1

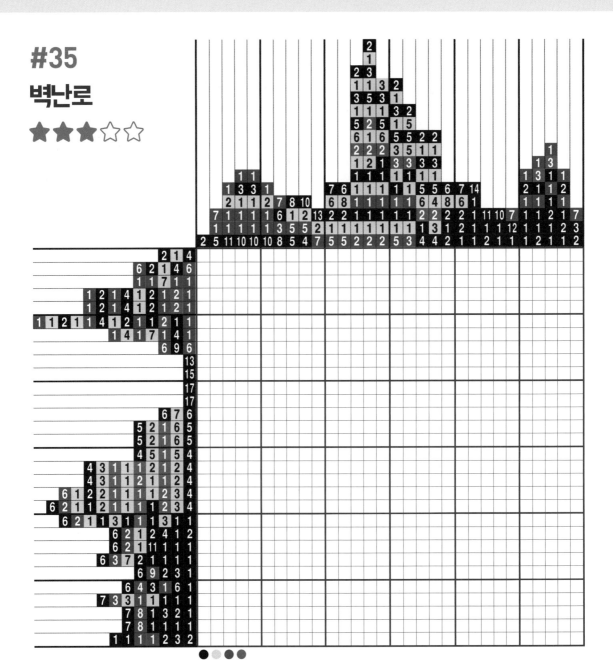

#35

벽난로

★★★☆☆

#36
스케이트
★★★☆☆

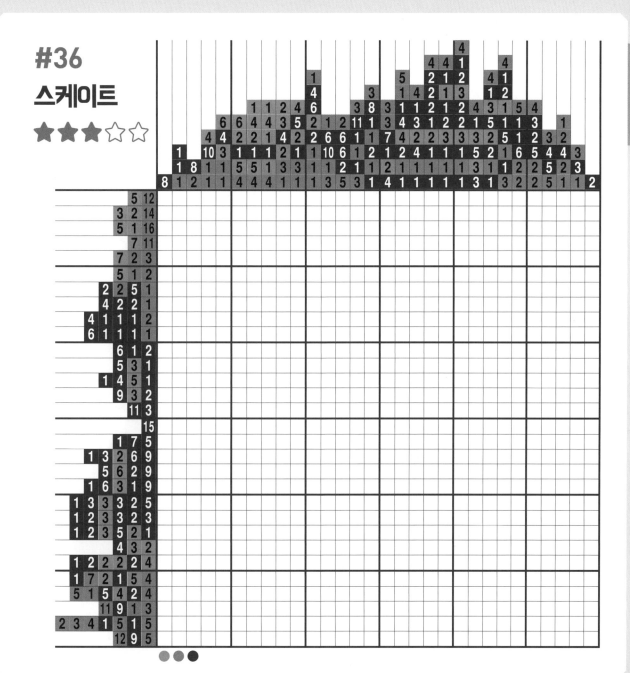

#37
노 젓는 사내
★★★☆☆

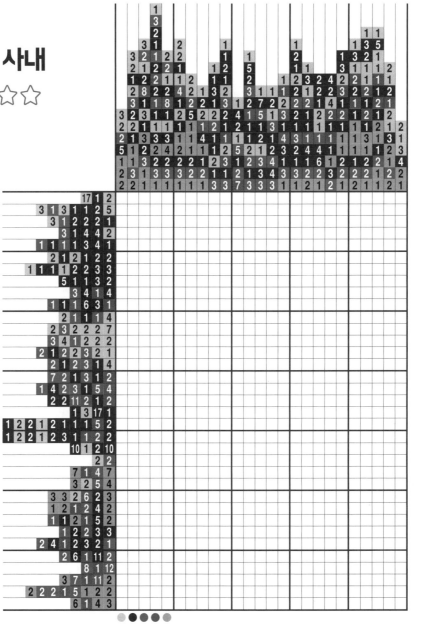

#38
요트

★★★☆☆

#39
물개

★★★☆☆

#40
석류

★★★☆☆

트랙터

★★★☆☆

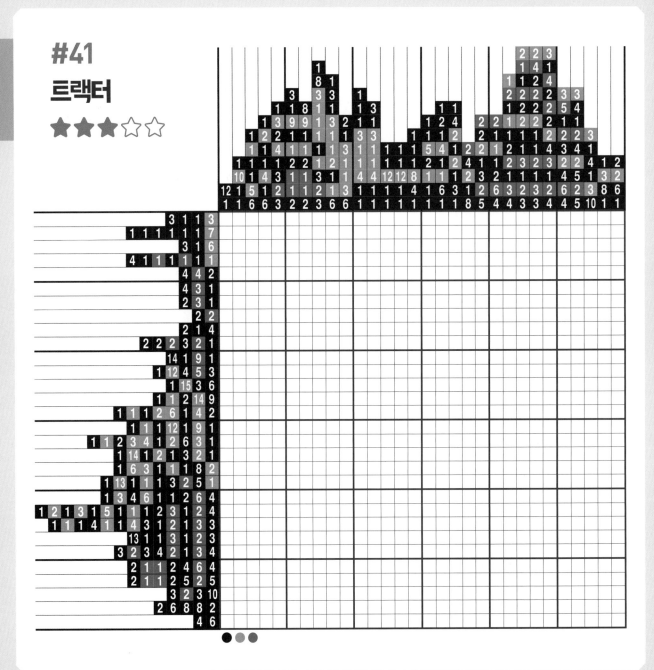

#42
골프

★★★★☆

#43
오토바이

★★★★☆

#44

산책

★★★☆☆

●●●●● ●

#45
해바라기
★★★☆☆

NEMO LOGIC

고급

#46

킹

★★★★☆

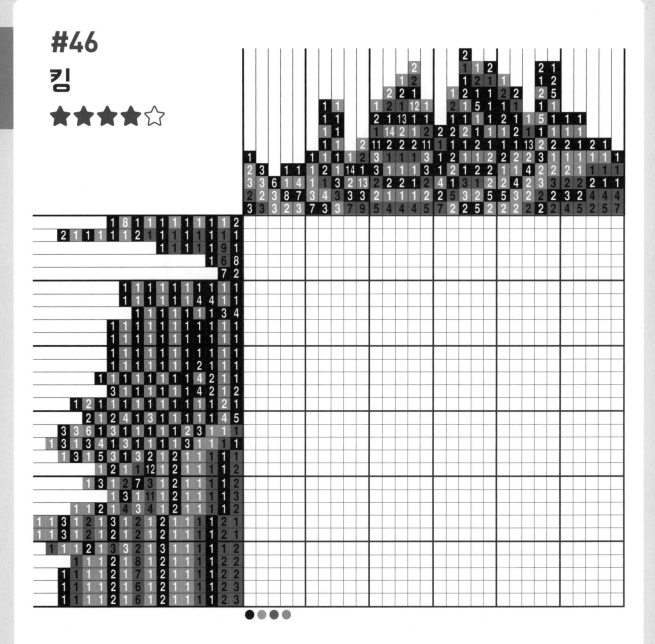

62

#47
내 동생
★★★★☆

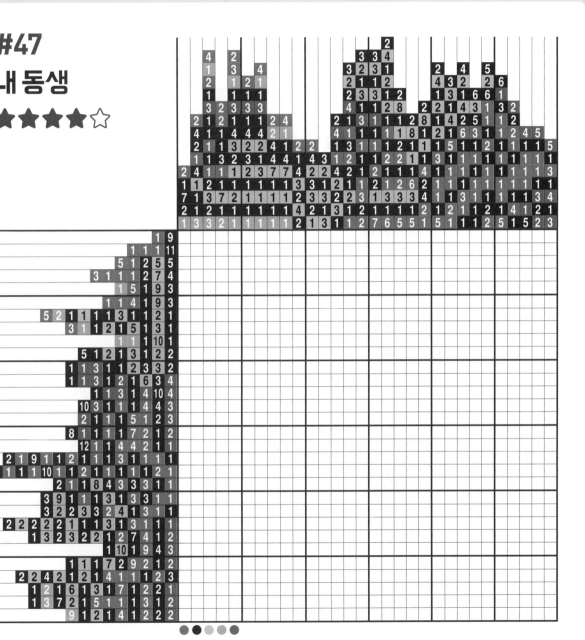

#48
양치질
★★★☆☆

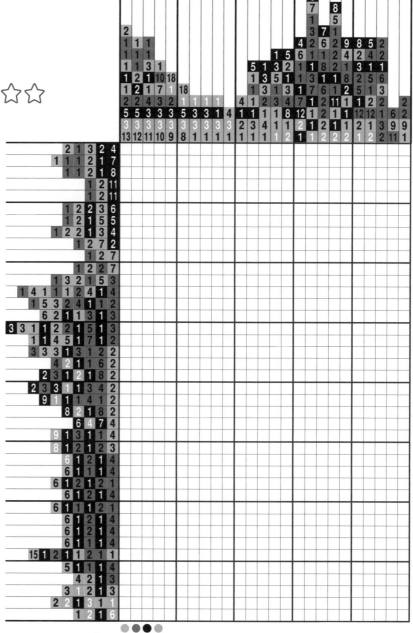

64

#49
아름다운 여인
★★★★☆

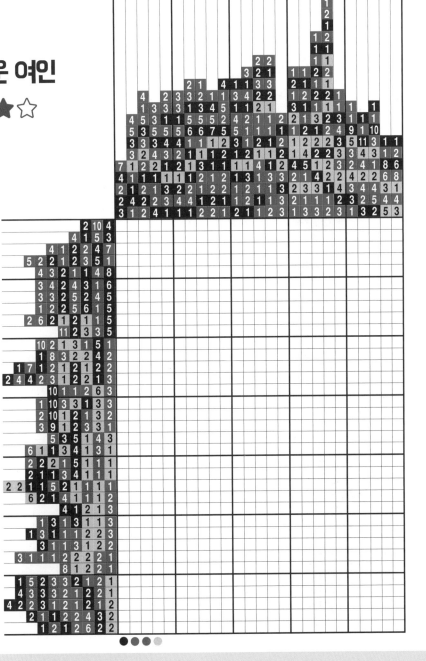

#50
풍랑에 맞서며
★★★★☆

#51
낚시
★★★☆☆

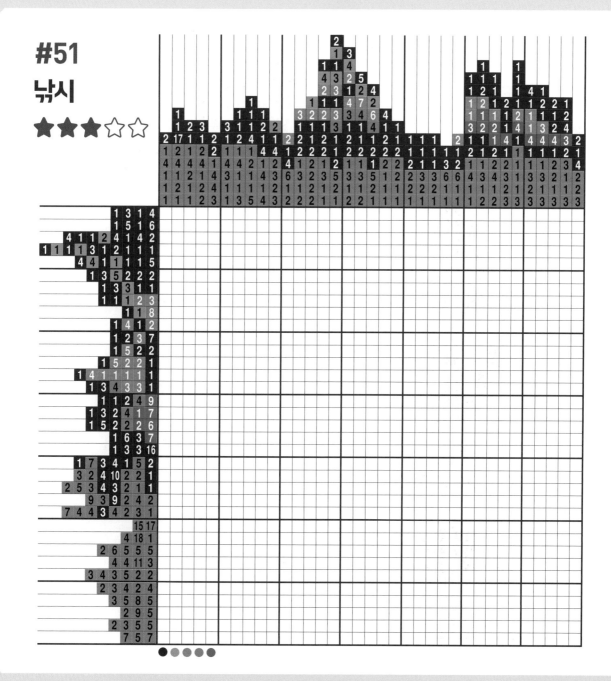

#52
빨간 망토 소녀
★★★☆☆

#53
페인트 칠
★★★☆☆

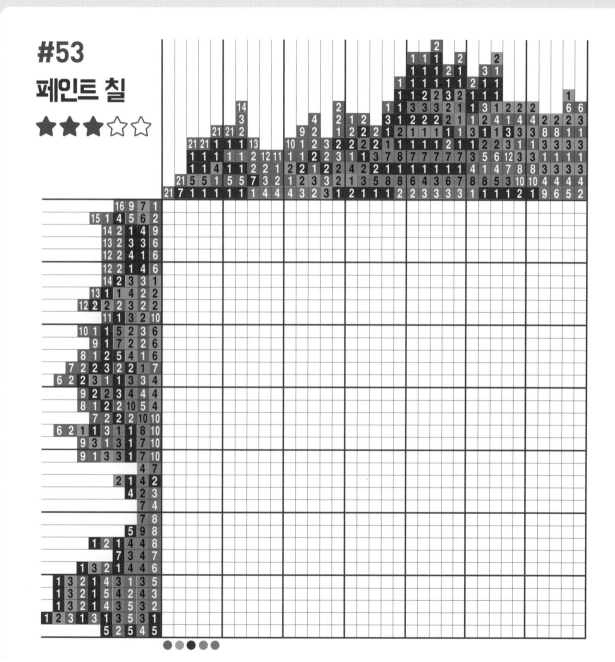

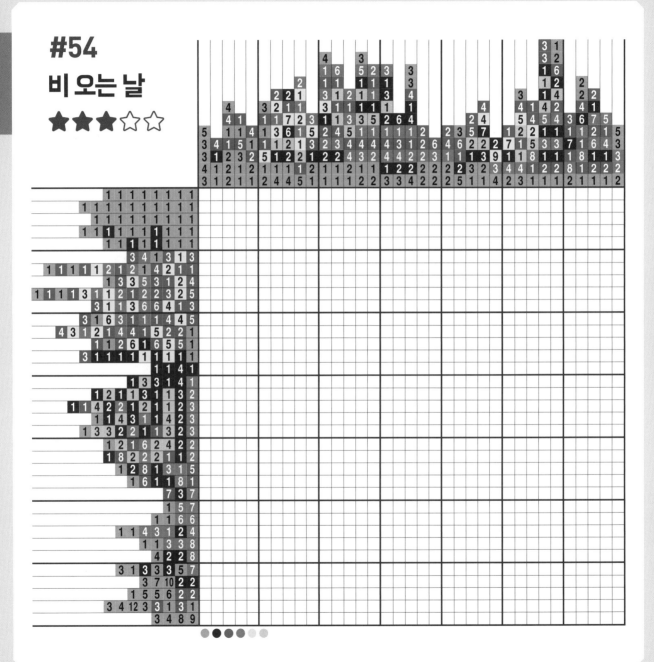

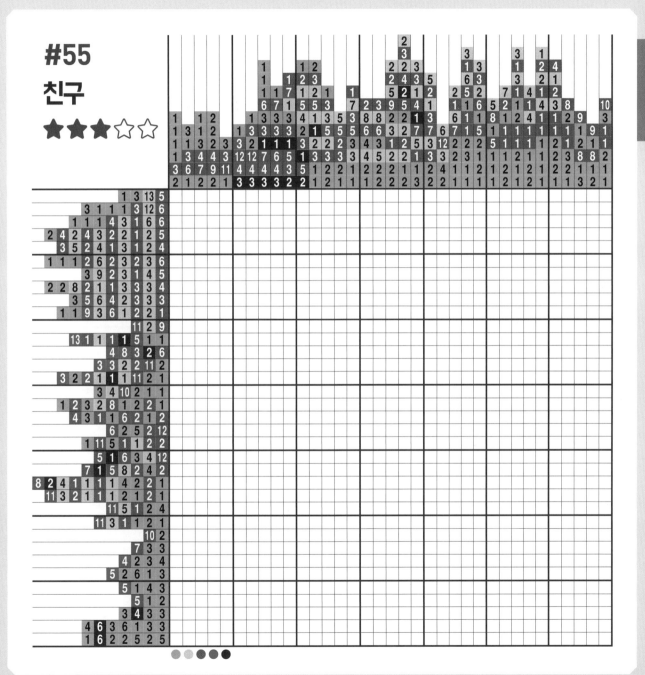

#55
친구
★★★☆☆

#56
피크닉 바구니
★★★☆☆

#57
로빈후드
★★★☆☆

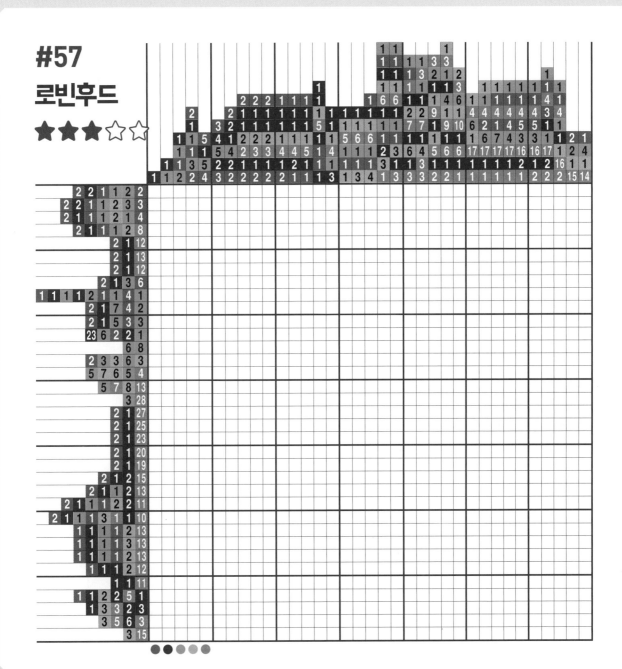

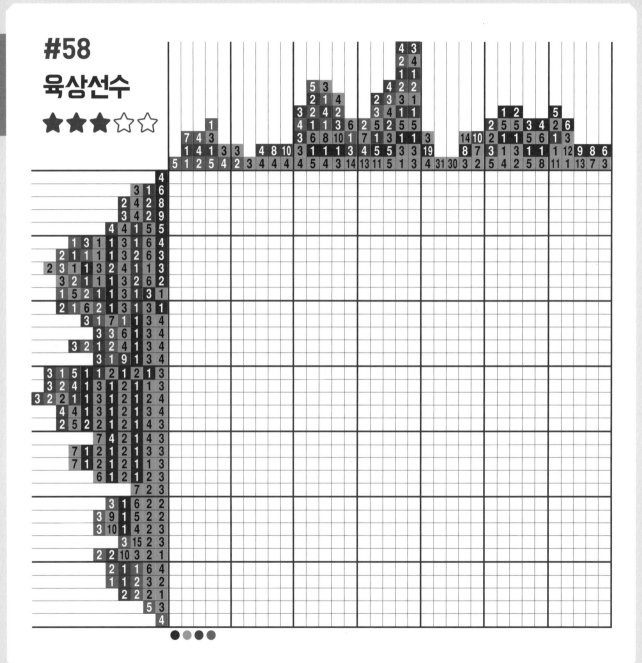

#59

문어

★★★☆☆

75

#60
하와이
★★★☆☆

#61
알프스 마을

★★★★☆

#62
범퍼카
★★★☆☆

#63
여우
★★★★☆

#64
무법자
★★★★☆

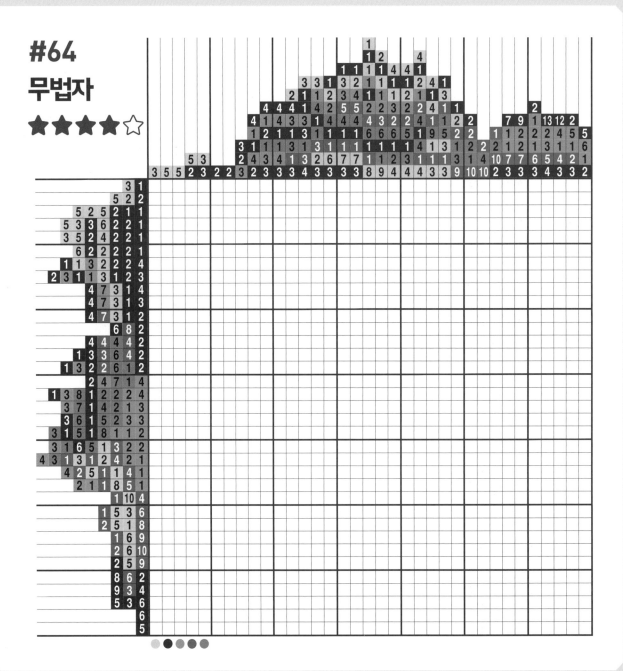

#65
아이스크림 트럭
★★★★★

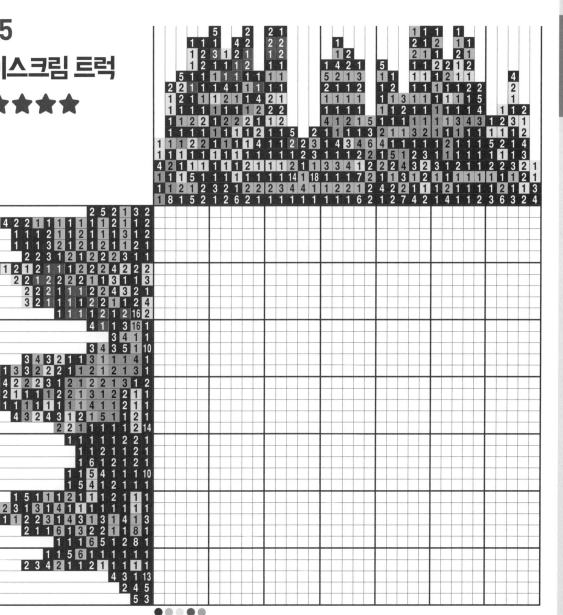

#66
기찻길의 여우
★★★★★

#67
구름 위의 성

★★★★★

#68
양봉가
★★★★★

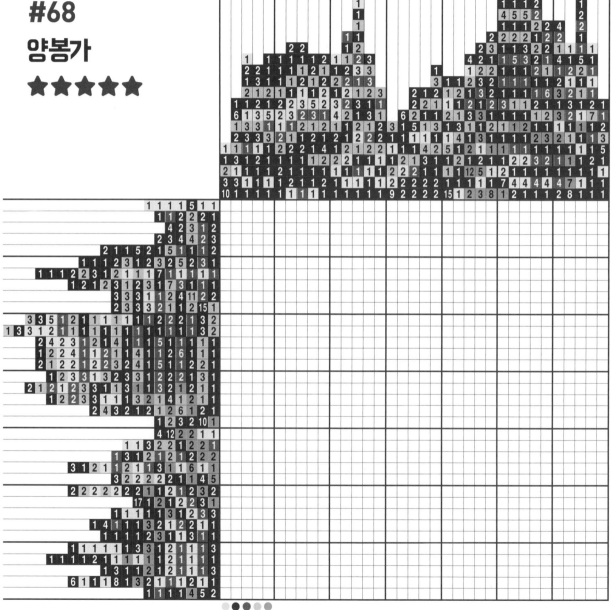

#69
탐정

★★★☆☆

#70
뽑기
★★★★★

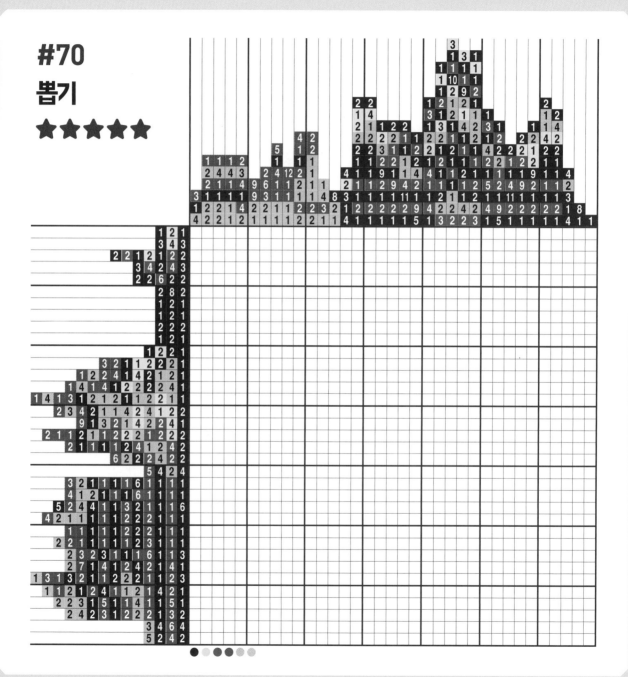

#71

스핑크스

★★★☆☆

#72
백악관

★★★☆☆

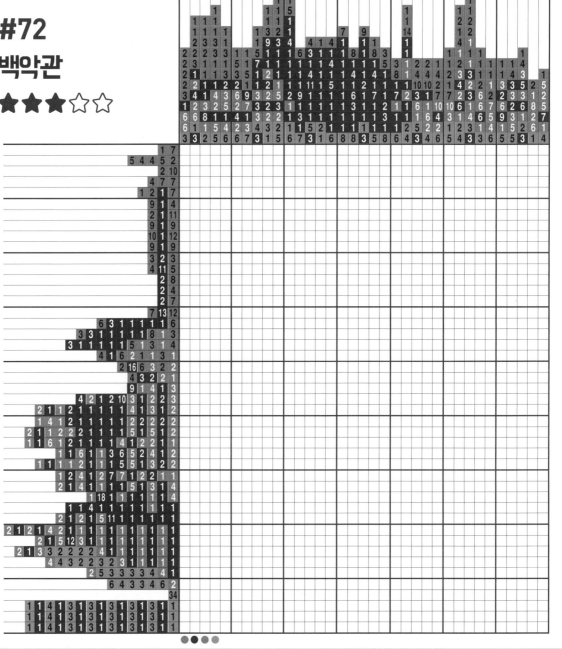

88

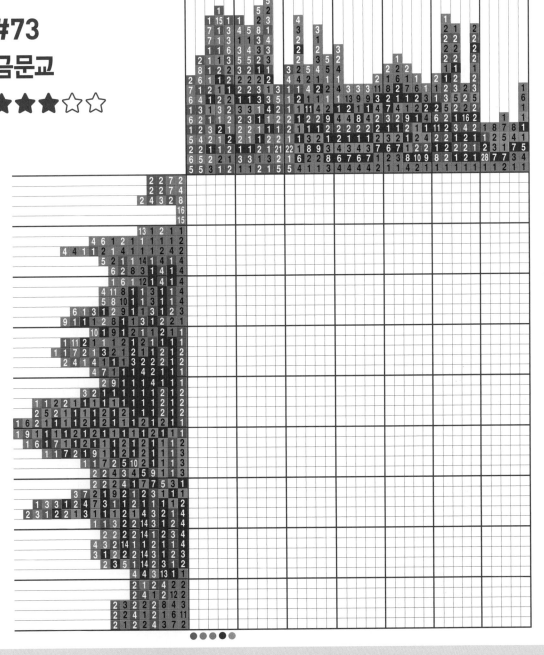

#73
금문교
★★★☆☆

#74
알프스 마터호른
★★★☆☆

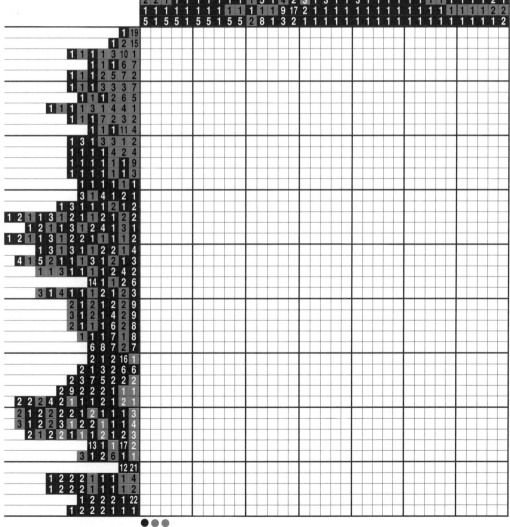

#76
개선문
★★★☆☆

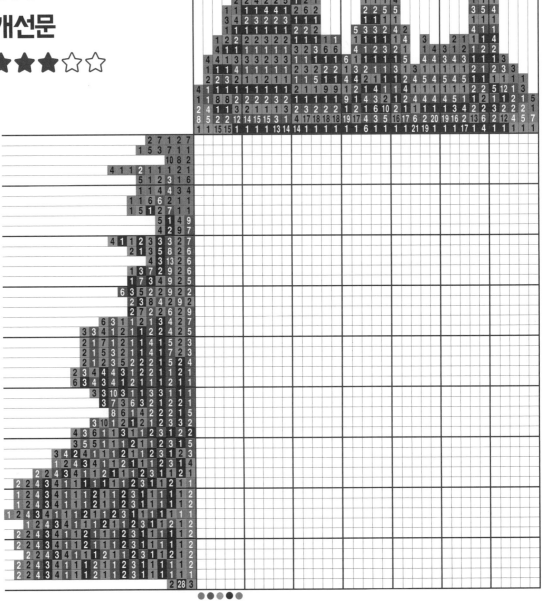

#77

빅벤

★★★★☆

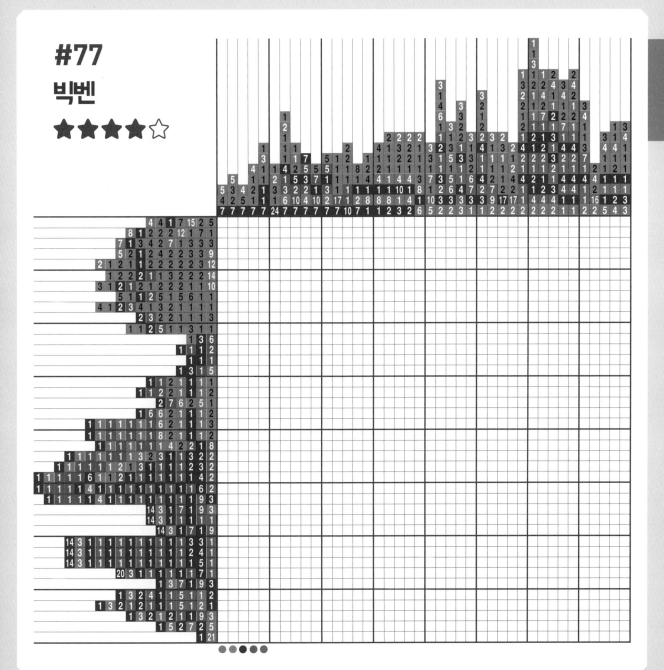

#78
프라하 화약탑
★★★★☆

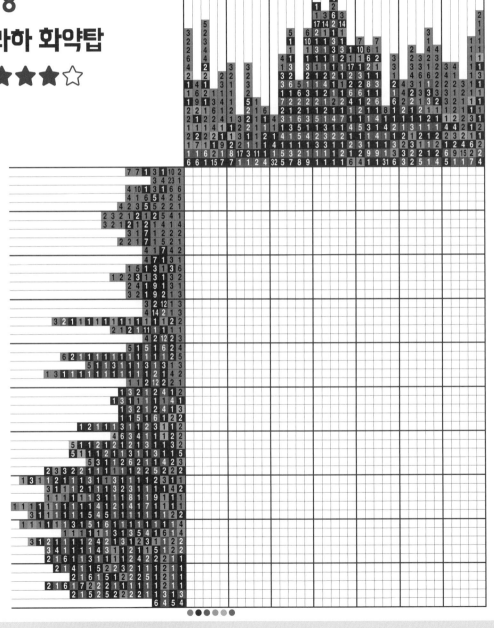

#79
사크레 쾨르 대성당
★★★★★

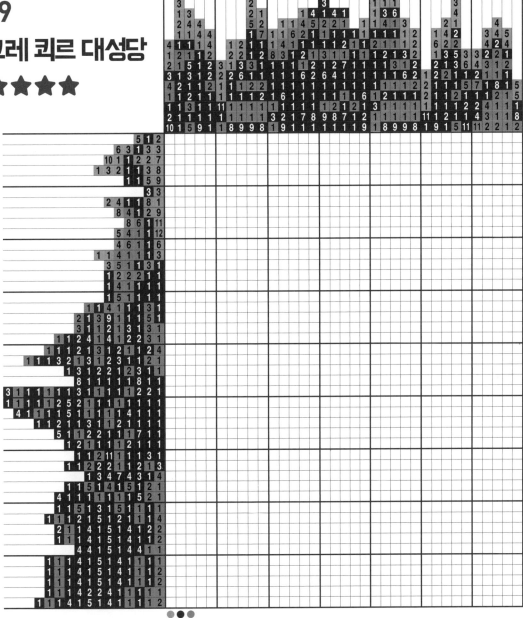

#80
등반
★★★☆☆

#81
닐스와 거위
★★★☆☆

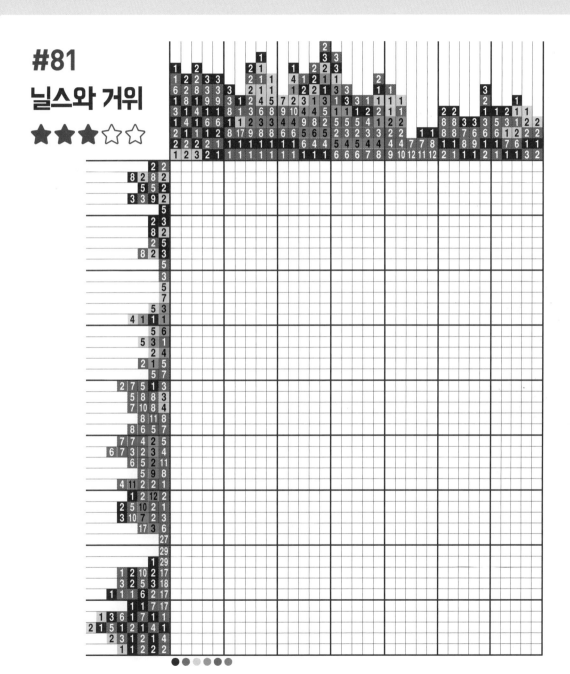

#82
화가
★★★★☆

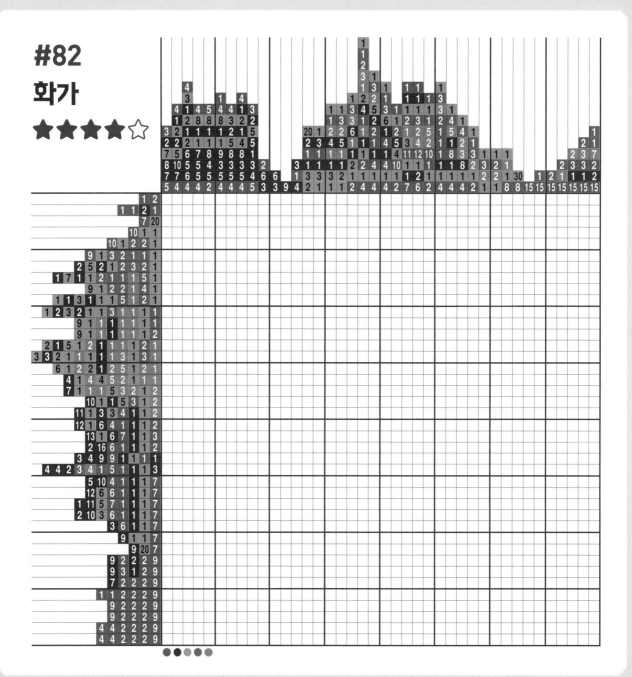

#83

토네이도

★★★★☆

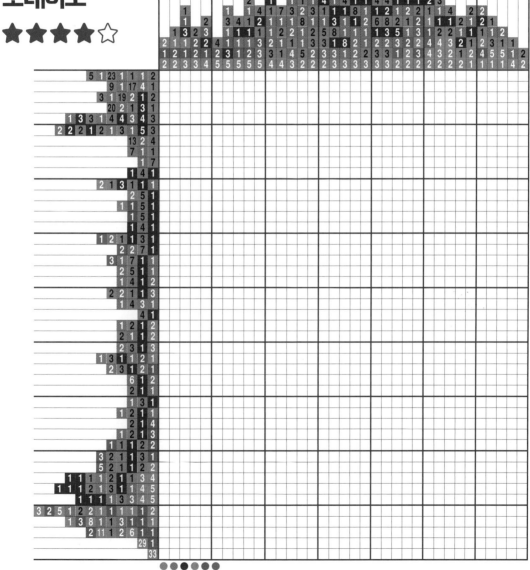

99

#84
윈드서핑

★★★★☆

#85
탐험
★★★★☆

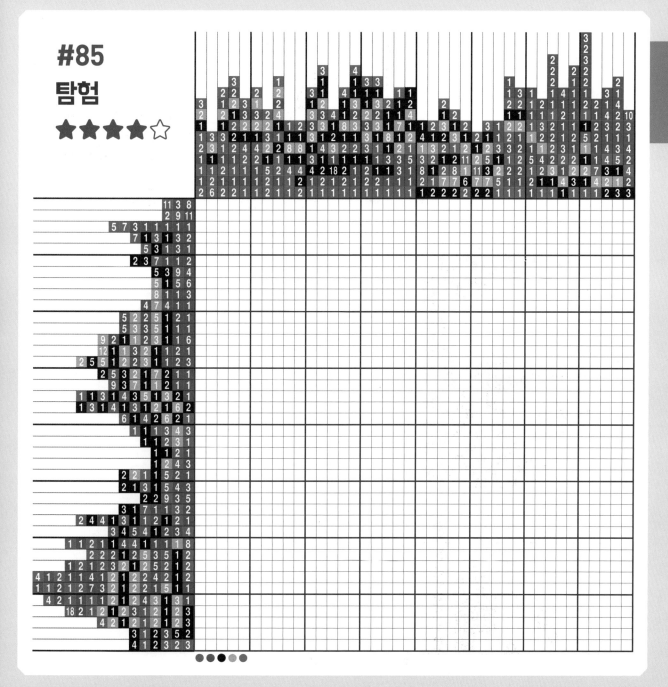

#86
아이스크림 주세요~
★★★★☆

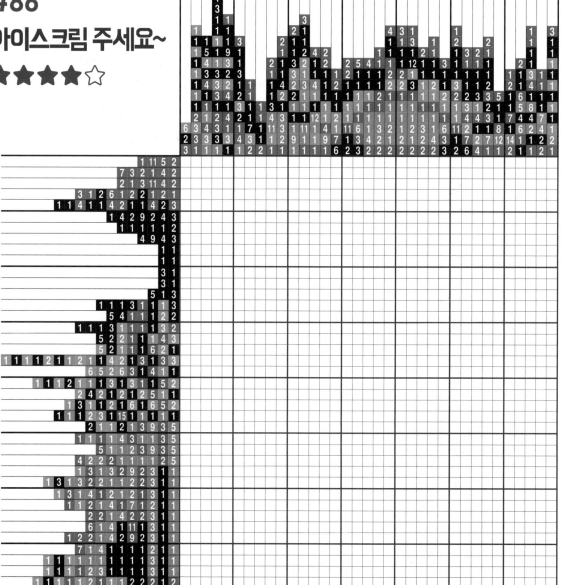

●●●●

#87

가족여행

★★★★☆

#88
카우보이
★★★★☆

#89
눈으로 소꿉장난
★★★★☆

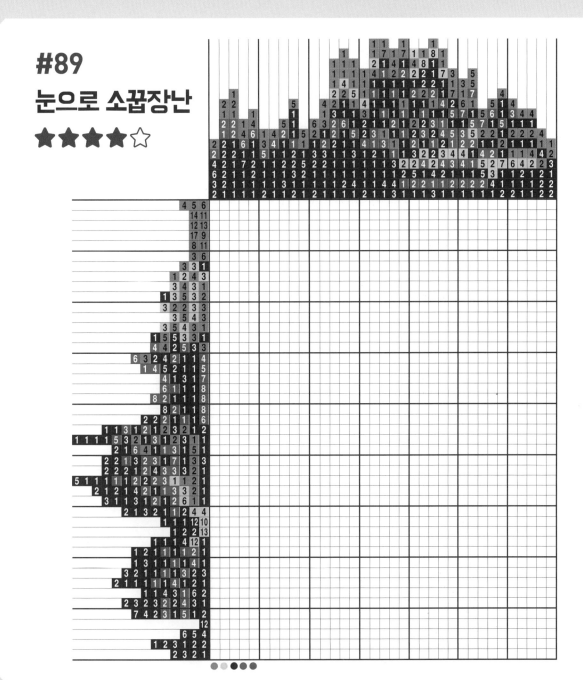

#90
말을 탄 여인
★★★★☆

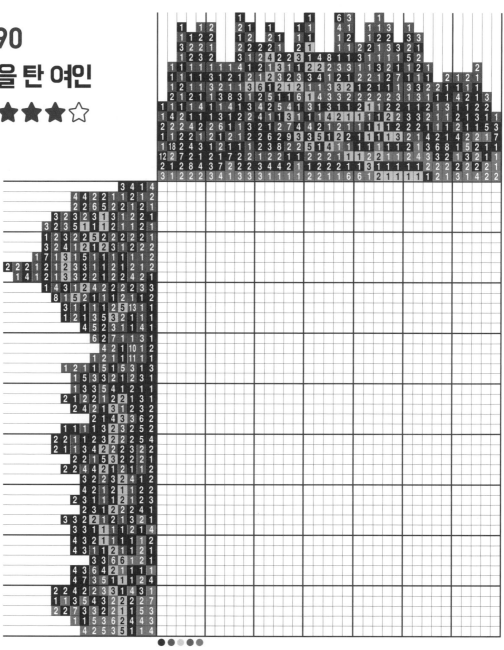

#91
앵무새
★★★★★

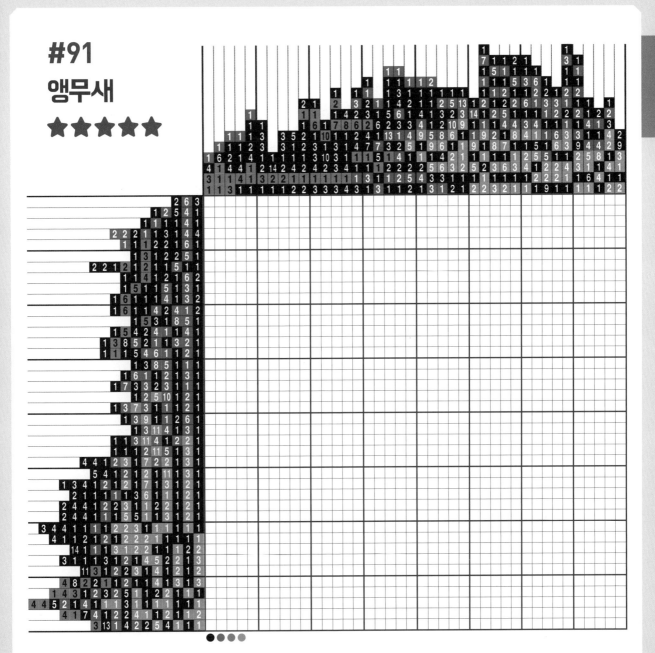

#92
얼음 낚시
★★★★★

#93
다이빙
★★★★★

#94
농장
★★★★★

110

#95
새 둥지
★★★★★

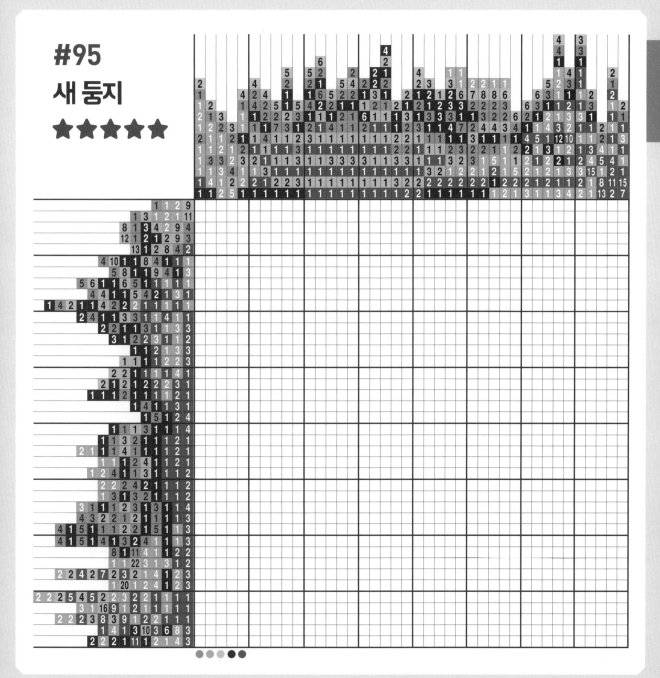

#96
대포 발사!
★★★★★

#97

화물선

★★★★★

#98

수탉

★★★★★

#99
사이클

★★★★★

#100
국화
★★★★★

NEMO LOGIC
중·고급

중급

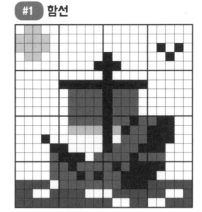
#1 함선

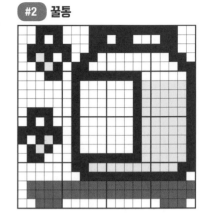
#2 꿀통

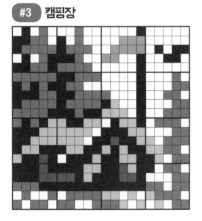
#3 캠핑장

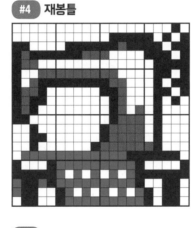
#4 재봉틀

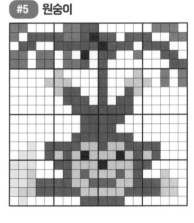
#5 원숭이

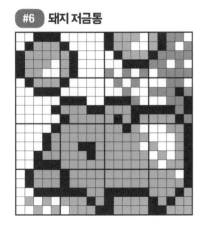
#6 돼지 저금통

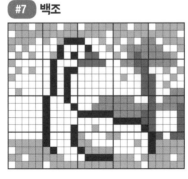
#7 백조

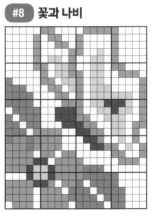
#8 꽃과 나비

#9 로켓 발사

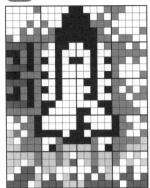

#10 고양이

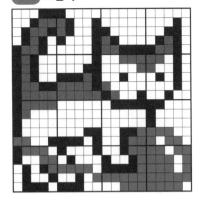

#11 말

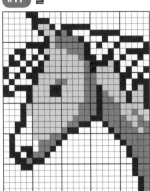

#12 아빠와 아이

#13 파랑새

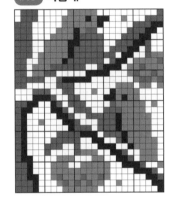

#14 달팽이와 거북이

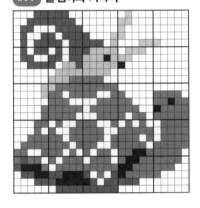

#15 배달원

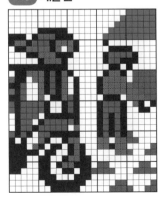

#16 농부와 허수아비

#17 해적

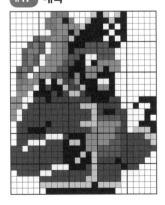

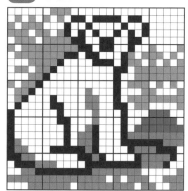

#19 코끼리
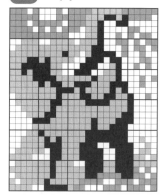

#20 하마
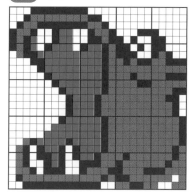

#21 기린
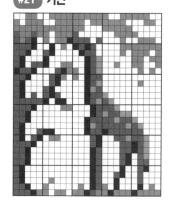

#22 도마뱀
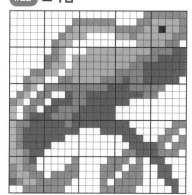

#23 손풍금 연주자

#24 런던 근위병

#25 펭귄
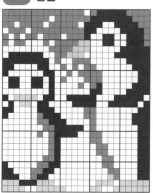

#26 전투기 조종사

#27 엄마와 소풍

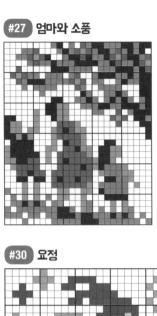

#28 참새

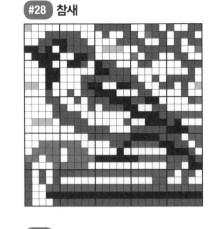

#29 꿀벌

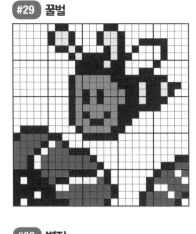

#30 요정

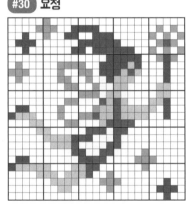

#31 오리 가족

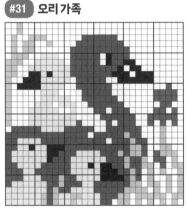

#32 별장

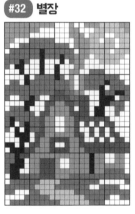

#33 그네 타는 소녀

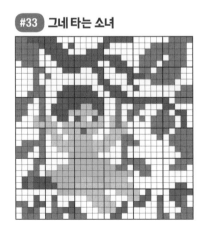

#34 전원의 아침

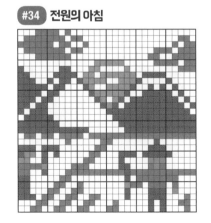

#35 벽난로

#36 스케이트

#37 노 젓는 사내

#38 요트

#39 물개

#40 석류

#41 트랙터

#42 골프

#43 오토바이

#44 산책

#45 해바라기

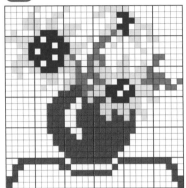

고급

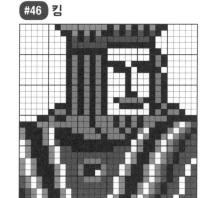

#46 킹

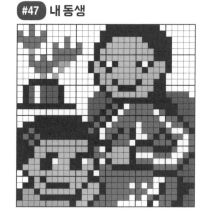

#47 내 동생

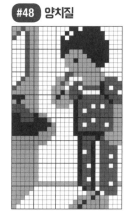

#48 양치질

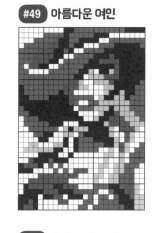

#49 아름다운 여인

#50 풍랑에 맞서며

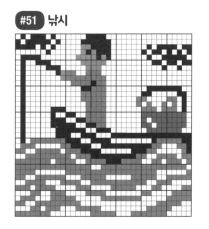

#51 낚시

#52 빨간 망토 소녀

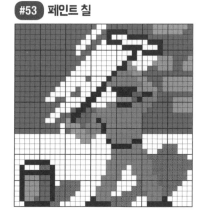

#53 페인트 칠

#54 비 오는 날

#55 친구

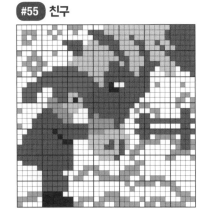

#56 피크닉 바구니

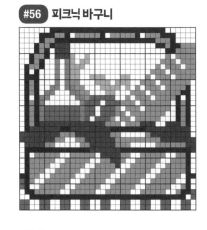

#57 로빈후드

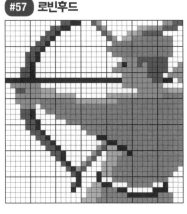

#58 육상선수

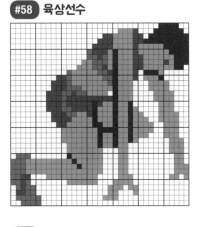

#59 문어

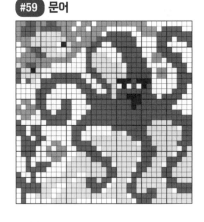

#60 하와이

#61 알프스 마을

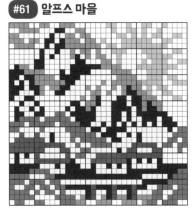

#62 범퍼카

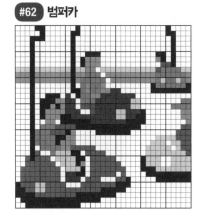

125

#63 여우

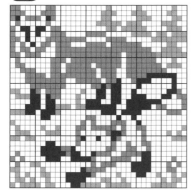

#64 무법자

#65 아이스크림 트럭

#66 기찻길의 여우

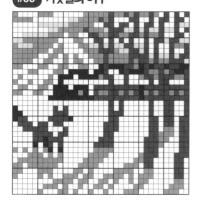

#67 구름 위의 성

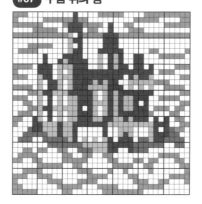

#68 양봉가

#69 탐정

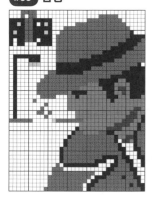

#70 뽑기

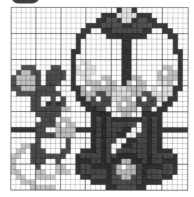

#71 스핑크스

#72 백악관

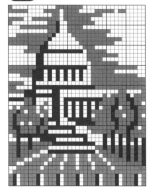

#73 금문교

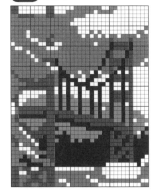

#74 알프스 마터호른

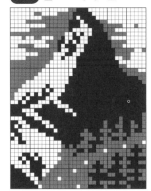

#75 트라팔가 광장

#76 개선문

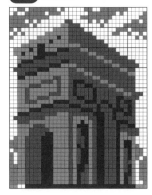

#77 빅벤

#78 프라하 화약탑

#79 사크레 쾨르 대성당

#80 등반

#81 닐스와 거위

#82 화가

#83 토네이도

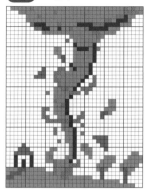

#84 윈드서핑

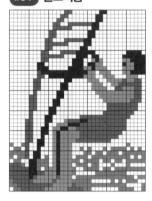

#85 탐험

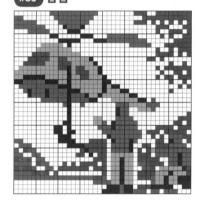

#86 아이스크림 주세요~

#87 가족여행

#88 카우보이

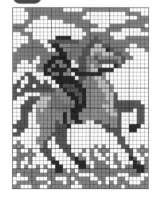

#89 눈으로 소꿉장난

128

#90 말을 탄 여인

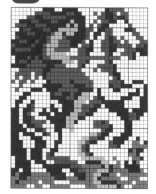

#91 앵무새

#92 얼음 낚시

#93 다이빙

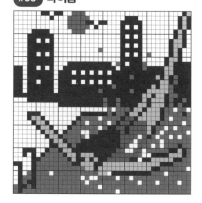

#94 농장

#95 새 둥지

#96 대포 발사!

#97 화물선

#98 수탉

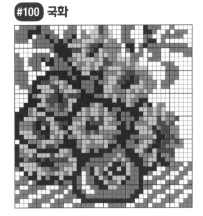

컬러 로직아트 중급

저자 | 컨셉티즈 퍼즐
발행처 | 시간과공간사
발행인 | 최석두

신고번호 | 제2015-000085호
신고연월일 | 2009년 12월 01일

초판 1쇄 발행 | 2018년 11월 10일
초판 2쇄 발행 | 2019년 1월 25일

우편번호 | 10594
주소 | 경기도 고양시 덕양구 통일로 140(동산동 376)
주소 | 삼송테크노밸리 A동 351호
전화번호 | (02) 325-8144(代)
팩스번호 | (02) 325-8143
이메일 | pyongdan@daum.net

값·9,800원

ISBN | 978-89-7142-258-8 (14410)
    978-89-7142-256-4(컬러 세트)